强悍王牌——把世界带回家和爸爸妈妈一起读

军迷爱好者 枪械

聪颖图书工作室/编

航空工业出版社

北京

内容提要

本书详细介绍了各类枪械的发展历程、结构原理、性能特点以及在实战中的应用。从手枪、步枪、狙击枪到机枪，全方位解读这些武器的威力与魅力。本书采用丰富的图片和详实的数据，让读者直观了解枪械的设计细节和操作技巧。

图书在版编目（CIP）数据

强悍王牌. 枪械 / 聪颖图书工作室编. -- 北京 : 航空工业出版社, 2025. 1. -- ISBN 978-7-5165-4003-9
I. E-49
中国国家版本馆 CIP 数据核字第 2024P6Q706 号

强悍王牌 枪械
Qianghan Wangpai Qiangxie

航空工业出版社出版发行
（北京市朝阳区京顺路 5 号曙光大厦 C 座四层　100028）
发行部电话：010-85672688 010-85672689　　读者服务热线：010-85672635

唐山楠萍印务有限公司印刷　　全国各地新华书店经售
2025 年 1 月第 1 版　　2025 年 1 月第 1 次印刷
开本：889 × 1194 1/20　　字数：40 千字
印张：6　　定价：38.00 元

目录

MULU

手 枪

步 枪

目录 MULU

机枪

冲锋枪

手枪

手枪的发展历程和构造

相信很多人小的时候都玩过玩具枪，你还记得自己的玩具枪是什么类型的吗？跟随我的脚步，一起来认识并了解一下手枪吧。

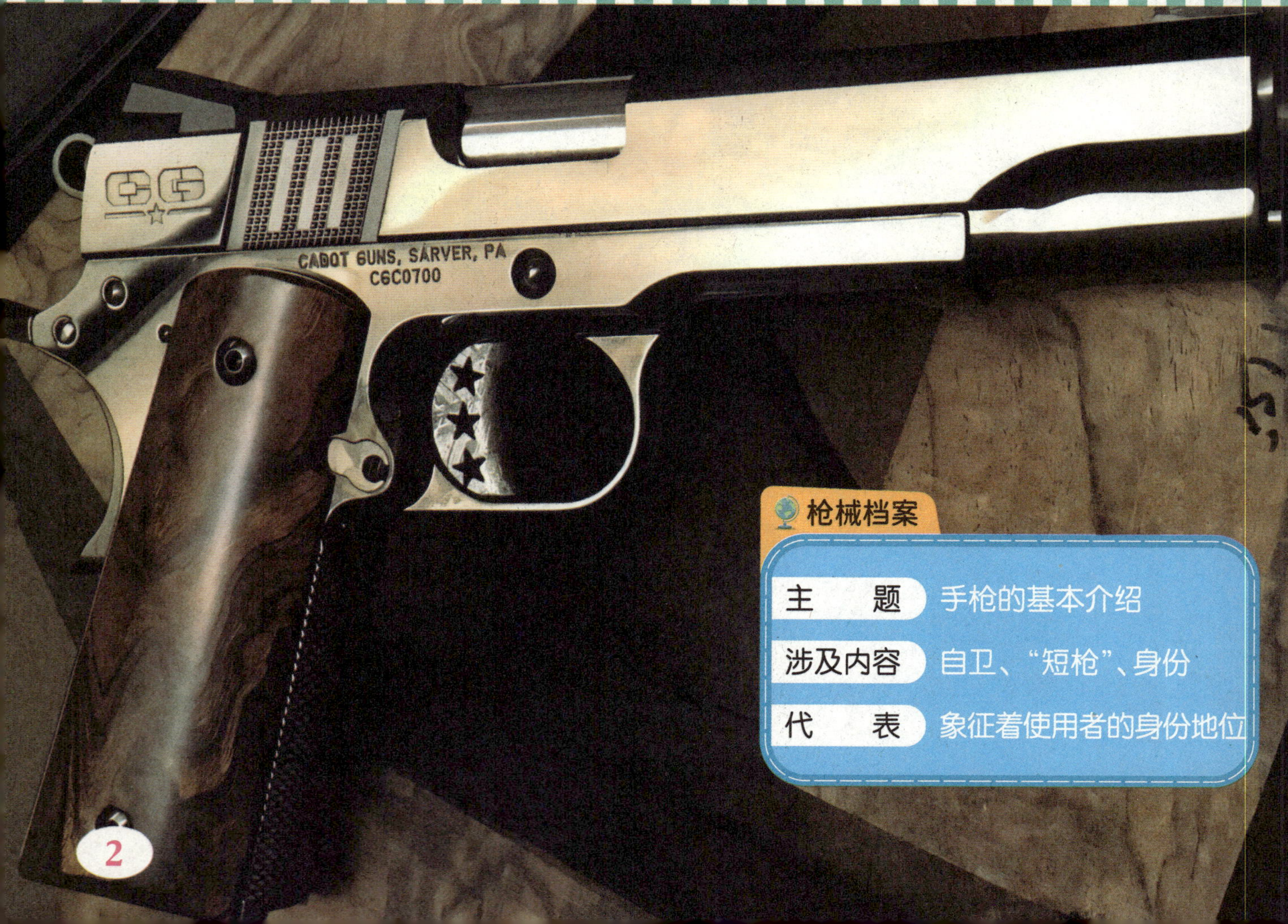

枪械档案

主　题	手枪的基本介绍
涉及内容	自卫、“短枪”、身份
代　表	象征着使用者的身份地位

手枪的作用

手枪的体型较小，方便隐蔽，主要用于近身作战和自卫，其有效射程在50米以内，特种部队和警察使用较多。

手枪的发展

手枪一开始被叫作“短枪”，约15世纪开始出现，其发展历程和步枪相似，从最初的火门手枪发展到自动手枪。

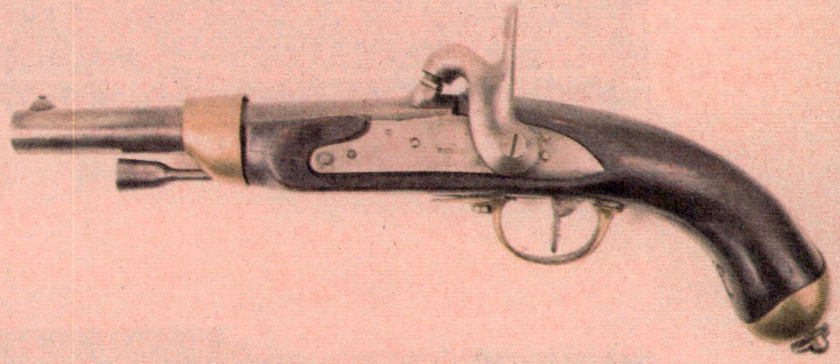

身份象征

手枪除了用于作战和防身外，还象征着使用者的身份地位，现在一些工艺精美的手枪上还有珍贵的黄金、珍珠等材料。

现代手枪的子弹和口径

现在手枪为了适应时代的发展和实用的需要，体积较小，质量较轻，子弹口径约在7.62~11.43mm之间，9mm的较为常见。

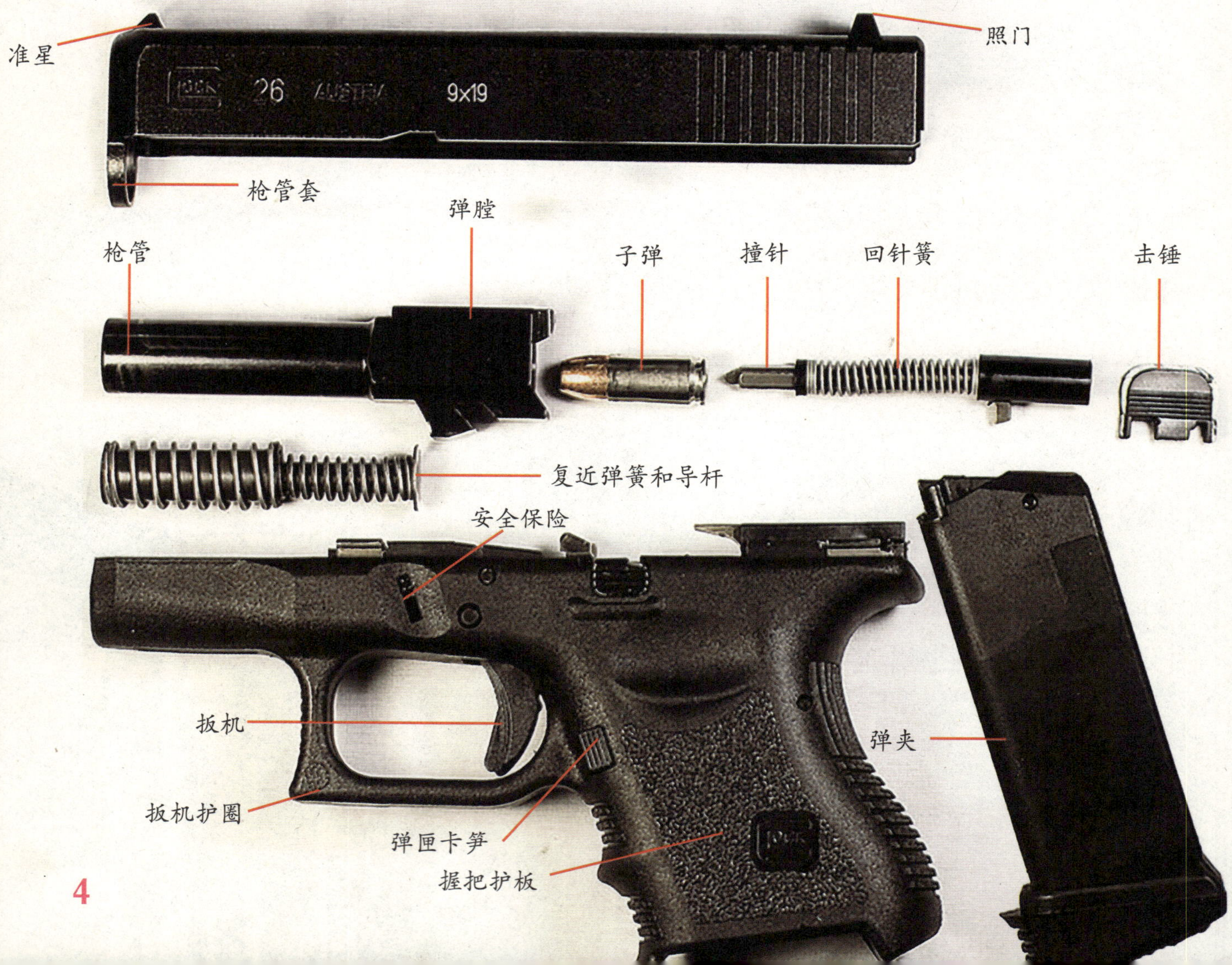

手枪的分类

手枪的种类繁多，按用途可分为自卫手枪、站术手枪等；按构造可分为转轮手枪、自动手枪等。还有用于执行特殊任务的特种手枪等。

枪械档案

主　　题	分类
涉及内容	左轮手枪、冲锋手枪、隐形手枪
代　　表	隐形手枪主要依靠外形伪装实现隐形

自动手枪

史上第一把自动手枪诞生于奥地利。自动手枪性能优良，能自动装填，一般为单机发射，弹匣容量为6~12发子弹。

转轮手枪

转轮手枪又称左轮手枪，名称来源于装弹方式，装弹时转轮可从左边弹出，发射时，旋转转轮使子弹正对枪管即可。

冲锋手枪

冲锋手枪既有自动手枪的功能，又有冲锋枪的功能，连发时其后坐力太强，不易控制，一般都有枪托，以便抵肩射击。

冲锋手枪——毛瑟 M1932

毛瑟冲锋枪因1898年英国上尉骑士在非洲和土著人作战大获全胜而闻名，该枪性能稳定，具有强大的杀伤力，却未受到军方重视。

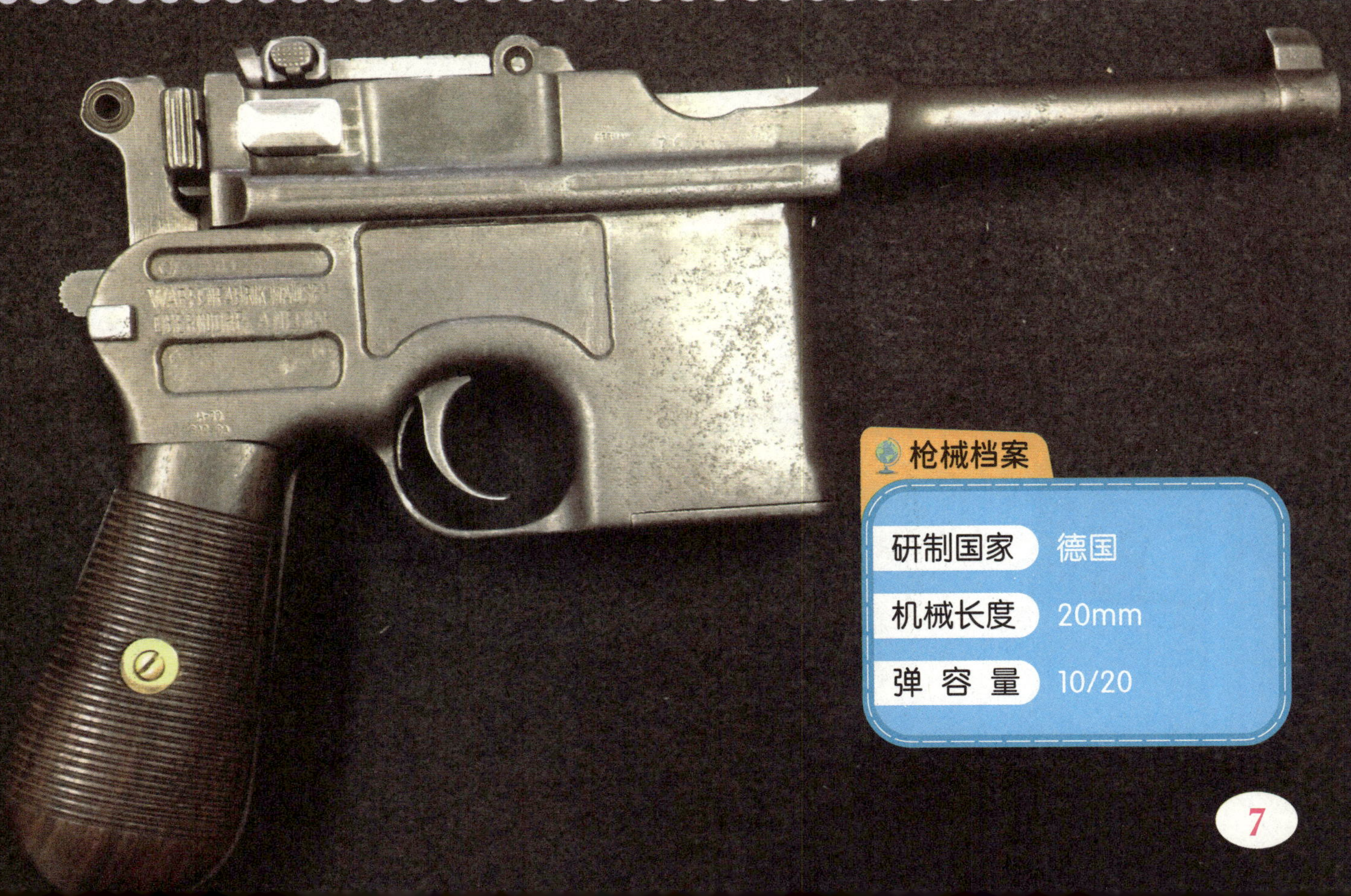

枪械档案

研制国家	德国
机械长度	20mm
弹 容 量	10/20

M1932冲锋手枪的诞生

第一把毛瑟M1932冲锋手枪诞生于1932年，这也是其名字的由来，这把枪将冲锋枪和自动手枪的优点合二为一。

M1932冲锋手枪的长处

这把手枪的优点是能利用机柄调解射速，更显著的是右手拇指能够方便地进行保险、射击等一系列转换。

M1932冲锋手枪的使用

这把手枪在使用时，右手的食指除了扣压扳机以外，还可以更换弹匣。在射击过程中，左手只做接换弹匣、拉动枪机等动作。

M1932冲锋手枪的别称

由于毛瑟M1932冲锋手枪的射速可以调节，使用者为其取了一个别致的名字，称之为“快慢机”。

M1932冲锋手枪的结构

全枪分为枪身组件和发射机构、握把组件上下两大部分，长长的瞄准基线和细细的枪管赋予该枪良好的射击精度。

M1932冲锋手枪的模仿者

中国仿驳壳枪：由于中国当时的工业落后，所仿制的驳壳枪无论从外观还是质量上都很粗糙，与原枪存在很大差距。

美国“勃朗宁”手枪

“勃朗宁”手枪是由美国著名机械大师勃朗宁设计的系列手枪，这种类型的手枪是我国军队在1935年前后主要的武器装备。

枪械档案

主　题	“勃朗宁”手枪
研制国家	美国
设 计 师	勃朗宁

“勃朗宁”手枪

该枪的设计结构简单、弹匣容量大、使用方便，被全世界公认为著名手枪之一。它是由勃朗宁在20世纪初设计的。

勃朗宁创新精神的延续

20世纪末，赫斯塔尔国家兵工厂设计出的P90手枪被视为勃朗宁创新精神的延续，该制作商也成了手枪行业的佼佼者。

“勃朗宁”M1911手枪

M1911半自动手枪是在经历多次战争的系列手枪中使用寿命最长的手枪，因此它被称为最受欢迎的手枪。

“勃朗宁”手枪的地位

该枪在世界各国经历半个多世纪的服役，至今依然宝刀不老，这使其在世界手枪史上成为独一无二的存在。

“勃朗宁”手枪的创举

该枪的弹匣容量达到13发，首次采用了将弹匣中子弹并列排放的形式，这在20世纪20年代来说是伟大的创举。

著名设计者勃朗宁

勃朗宁属于天才型的设计师，他在14岁时便成功设计一把猎枪，他对近代手枪的发展产生了重要影响。

以色列“沙漠之鹰”手枪

“沙漠之鹰”手枪因体型巨大又被称为“手炮”，该枪口径大、射击精度高、威力巨大，在结构上，该枪使用导气式自动方式和机枪回转式闭锁机构。

枪械档案

研制国家	以色列
机械长度	260mm
弹容量	7/8/9

“沙漠之鹰”的诞生

“沙漠之鹰”手枪是世界上第一款可以发射9.07mm口径转轮枪弹的自动手枪，诞生于20世纪末，主要用于打猎和竞赛。

优点与不足

该枪的优点在于精度高、威力大，缺点是后坐力大且抛壳动作猛烈，不便于连续射击，需要随时调整姿势。

“沙漠风暴”

“沙漠风暴”手枪的名字来源于第一次海湾战争，设计者对该枪的口径和枪管等进行了改良，因此其威力更加强大。

没有被作为军用手枪的原因

由于“沙漠之鹰”质量较大、后坐力大且无法适应复杂恶劣的战场环境等原因没有被作为军用手枪。

知识链接

影视、游戏的宠儿

“沙漠之鹰”手枪其地位不是其他手枪所能替代的，电影、小说和电子游戏中不断出现它的身影，施瓦辛格的《幻影英雄》中就有“沙漠之鹰”手枪亮相。

狩猎手枪

“沙漠之鹰”的射程在100米以上，它最初被用于打靶和狩猎的，有传闻曾有人使用加长枪管成功击倒了200米外的麋鹿。

奥地利

“格洛克”系列手枪

“格洛克”系列手枪的制造单位是奥地利格洛克公司，这些手枪因为重量轻和便于作战等优点，深受各国警察喜爱，尤其是美国警察。

枪械档案

主　　题	“格洛克”系列手枪
研制国家	奥地利
代　　表	适合情报人员使用的19式

“格洛克”系列手枪的开山之作

1980年初诞生的格洛克17式9mm手枪，是格洛克手枪系列的开山之作，该枪具有设计理念独特、材料新颖等特点。

“格洛克”17式9毫米手枪

该枪是由格洛克公司于20世纪80年代制造的，其枪口初速是350m/s，弹匣容量为17发子弹，在美国警用手枪市场中占据了佼佼者的地位。

“格洛克”17式独特的结构

该枪质量轻且有独特的扳机保险装置，减少了走火事件的发生概率，这是格洛克公司于1983年应奥地利陆军的要求设计的。

“格洛克”26式9毫米手枪

该手枪采用了创新技术，较同类型的手枪更适合手指把握，体积更小，技术更为纯熟，并在导杆上运用双复进簧。

便于隐蔽携带的“格洛克”19式手枪

该枪属于袖珍式，质量轻、体积小巧、便于携带，适用于从事特殊工作的人群，设计灵感来源于“格洛克”17式。

知识链接

家族庞大的格洛克

格洛克手枪家族庞大，枪族多达34个，是由奥地利的格洛克有限公司生产的系列手枪，该枪无论警用还是民用都十分受欢迎。

德国HK-P7手枪

德国的P7系列手枪深受世界各国人民的欢迎，其中HK-P7手枪格外突出，它如此受欢迎的原因什么呢，一起来看看吧。

枪械档案

研制国家	德国
机械长度	171mm
弹容量	8

HK-P7手枪的诞生

该枪是赫尔穆特在20世纪70年代对HK4型手枪进行升级后得到的版本，在众多手枪比赛中脱颖而出，因此名声大噪。

HK-P7手枪的结构

此枪的口径为9mm、射速为350m/s，弹匣容量为8，属于半自动手枪，单发发射，最突出的部分是具有握把保险装置。

HK-P7手枪的特点

该枪采用机械瞄准具，其特点是有一个气体延迟后坐结构，之后P7系列还推出了P7M8、P7M13、P7K3等多种型号。

HK-P7手枪的发展

该枪之后进行了增加弹匣容量等一系列改进，这与德国人精益求精的创造精神和细致入微的工作态度密不可分。

P7系列手枪的美誉

P7系列手枪受到了世界各国的欢迎，其使用者不仅限于德国，在其他国家也随处可见，并获得了“警界娇子”的美誉。

知识链接

P7系列的出现

1970年末，为了适应反恐工作的需要，德国警察对枪械的要求提高，急需火力更猛、使用简便、携带和隐藏都方便的枪械，P7系列应运而生。

美国“蟒蛇”系列

“蟒蛇”系列是由美国柯尔特公司推出的转轮手枪，除了用于军队装备和警察使用外，在各种射击比赛中也经常看到它。

枪械档案

主　题	“蟒蛇”系列
研制国家	美国
研制公司	美国柯尔特公司

名字的别称

转轮手枪在中国被音译为“左轮手枪”，而世界公认最好的转轮手枪是美国柯尔特公司的“蟒蛇”系列。

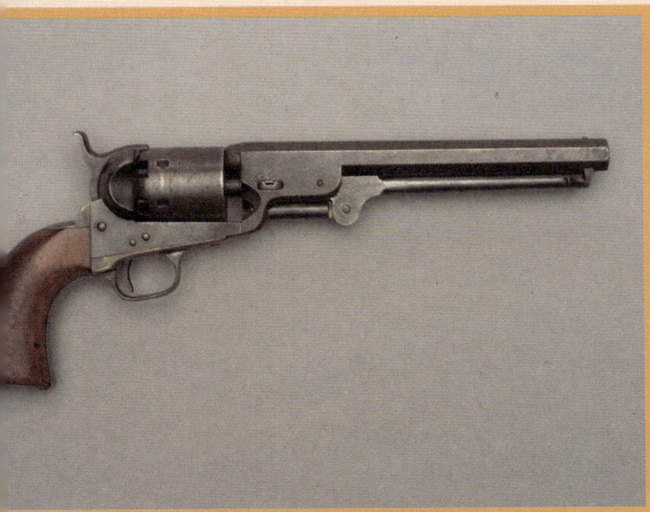

“蟒蛇”系列的诞生

美国的柯尔特公司于1955年推出了第一代“蟒蛇”转轮手枪，在枪械界引起了广泛的关注，“蟒蛇”系列手枪诞生。

“蟒蛇”系列的枪型

该系列枪有多种枪型，不同的枪型用途不同，如2.5英寸的适合便衣警察携带，8英寸的适合猎人捕猎时使用。

“蟒蛇”系列的其他用途

枪械除了被军队使用外，很多比赛中也可见其身影，“蟒蛇”系列因其设计精度极高，经常被用于各种射击比赛中。

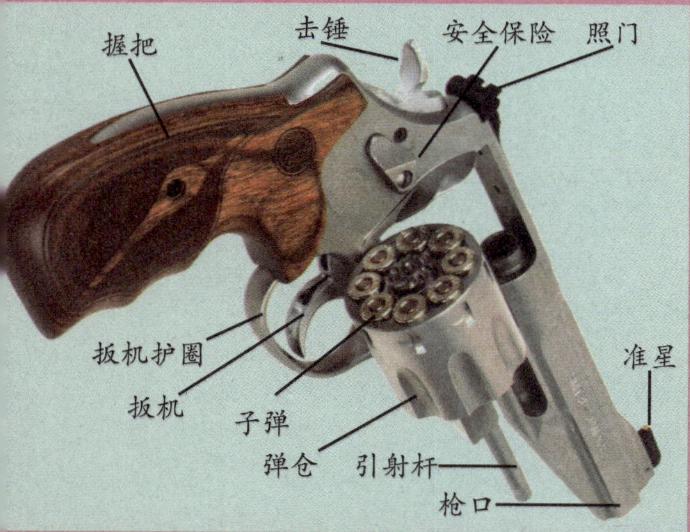

“蟒蛇”系列的终结

随着时代的进步，各种不同类型的手枪层出不穷，“蟒蛇”系列因其容弹量小、块头大等缺点最终被淘汰出历史的舞台。

知识链接

“蟒蛇”的瞄准

该枪能够帮助射手迅速定位目标，并立即发射枪弹，其使用的瞄准设备是战斗型机械瞄具，以便迅速瞄准敌人。

德军鲁格 P08

任何事物都有对立面，就像手枪虽然可以用于防身，但同时也是伤人的致命武器，这大概也是一战过后鲁格P08被禁止生产的原因之一。

枪械档案

研制国家	德国
机械长度	220mm
弹容量	8（弹匣）/32（弹鼓）

P08手枪的诞生

德国于1898年开始研制半自动新式手枪，1980年定型后投入部队使用，P08扬名于二战时期，深受德军宠爱。

P08手枪的生产

该枪最初由DWM公司生产，德国兵工厂于1911年也开始生产。一战之后的一段时间内德国政府禁止了P08的生产。

P08手枪的特点

该枪性能可靠、质地优良，专门配备了两种子弹，其中9×19mm子弹至今仍在使用中，是第一款军用半自动手枪。

步枪

步枪
的起源和发展构造

将步枪称为“枪中元老”并不过分，因为现在五花八门的枪都是以步枪为基础进行发展的，步枪属于长枪，可用子弹、刺头和枪托攻击敌人。

枪械档案

主　　题	步枪
涉及内容	管形射击火器、林肯、刺刀
代　　表	世界上第一支连发步枪设计者是斯塞潘

步枪的溯源

最早利用火药的抛射性将弹头迅速推出的火器，以及最早的管形射击火器都源自中国，后来才出现了火绳枪、燧发枪等。

世界上第一支连发步枪

该枪的发明者是美国人斯潘塞，林肯在测试后下令美国军队统一装备这种枪。该枪的枪膛呈直筒状，可装发10发子弹。

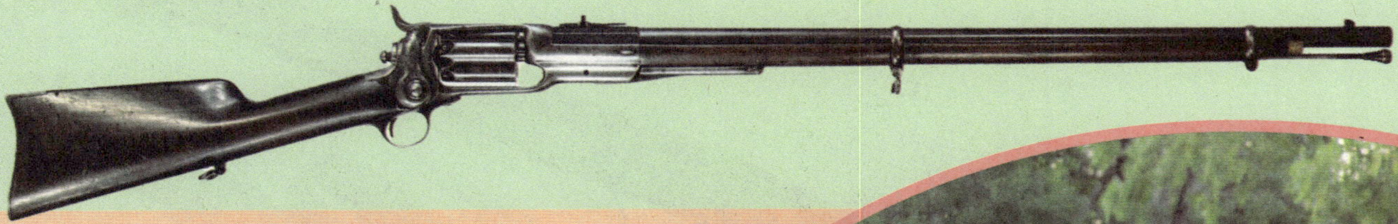

步枪的构造

步枪由枪托、弹匣、扳机、瞄准仪和枪管等几部分组成，枪托可在与敌人近身战斗时配合刺刀使用。

步枪的分类

该枪主要用于发射枪弹，有效射程通常在400和1000米之间，步枪按照使用的枪弹、自动化程度以及用途等不同标准可以分为不同类型。

步枪的特点

步枪具有结构简单、质量轻、携带方便等特点，这使步枪在未来的战争中，仍将是军队普遍使用的近战武器。

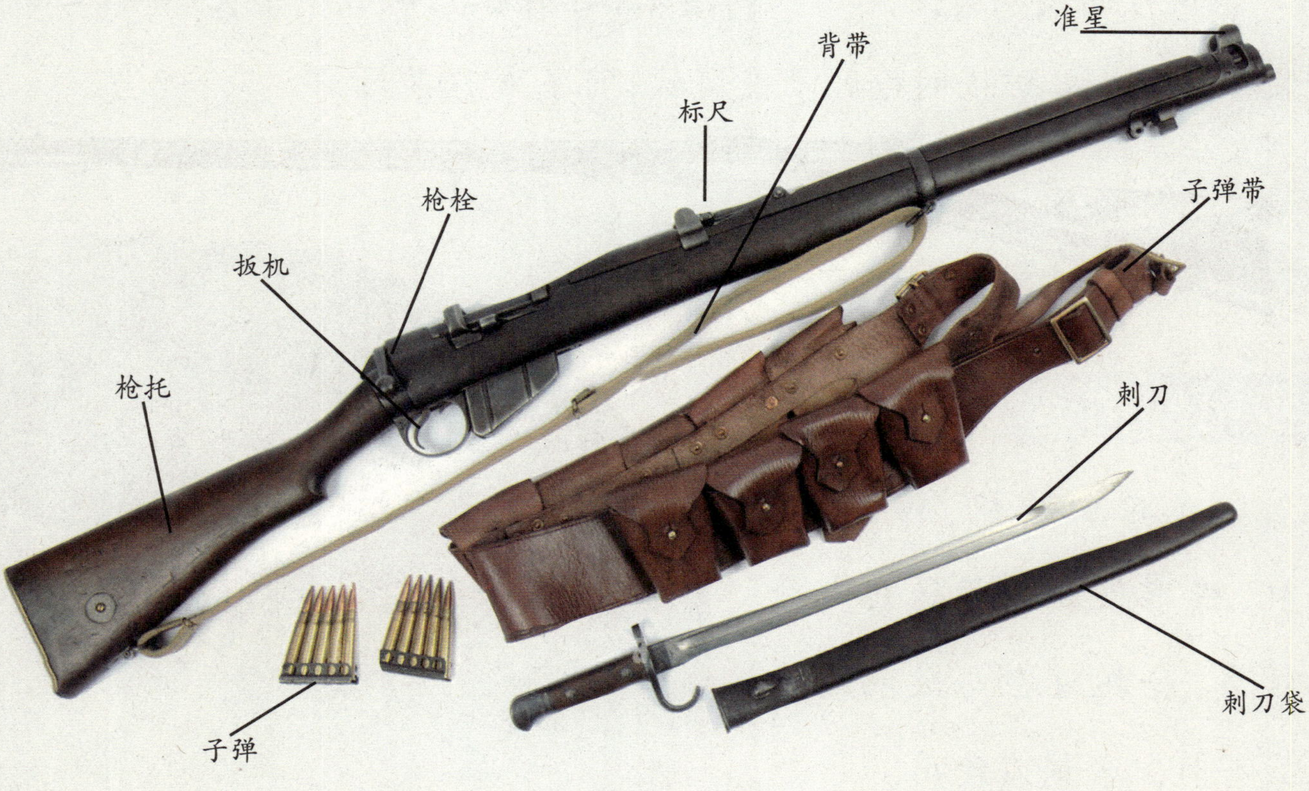

现代步枪的分类与特点

现代步枪的类型多样，按用途可分为突击步枪、狙击步枪等；按自动化程度可分为非自动、半自动和全自动步枪，按所用枪弹可分为大威力枪弹和小口径枪弹的步枪等。

枪械档案

主　　题	现代步枪的分类与特点
涉及内容	枪管、自动化程度、口径
代　　表	中国大都使用 5.45mm 口径的步枪

卡宾枪

据说该枪是把普通步枪截短枪管制成，后被步兵广泛使用，具有携带方便、精确度高等特点，也被称为骑枪、马枪。

突击步枪

该枪是步枪中的主要枪种，是冲锋枪和步枪的结合，是质量轻、长度适中、火力猛的全自动步枪，深受各国军队的喜爱。

狙击步枪

该枪是专供狙击使用的高精度步枪，其枪管长、射击精度极高、配备了专门的瞄准设备且为保证质量，配有专门的枪弹。

现代步枪的主要特点

现代步枪使用寿命长、采用弹匣供弹、有多种发射方式等优点，配备了枪口制退器、消焰器和防跳器等，自动化程度高。

现代步枪的口径

现代步枪主要有5.45mm、5.56mm、7.62mm，也有7.5mm、7.92mm等不同口径，不同国家偏爱不同口径，如中国偏爱5.45mm口径步枪。

“毛瑟”步枪

“毛瑟”步枪的发明者是毛瑟兄弟，是由德国毛瑟兵工厂在1850~1900年间生产的步枪，现在很多枪械的设计仍然沿用了该枪设计原理。

枪械档案

主　题	“毛瑟”步枪
研制国家	德国
研制者	毛瑟兄弟

金属弹壳的步枪

1865年毛瑟兄弟设计的M1871式步枪是首次使用金属弹壳的步枪，该枪口径为11mm、长1.34m、重4.65kg、刃长0.47m。

“毛瑟”M1898式步枪

这款枪是由保罗·毛瑟在1898年设计的，它具有发射尖头弹、高精度、高初速等特点，这是他设计的最好且最后一款枪。

M1871/84式“毛瑟”连珠枪

该枪是毛瑟兄弟在M1871式“毛瑟”单发步枪的基础上设计的能连续射击的步枪，如今主要在德国军队中使用。

“毛瑟”M1898式步枪的结构

该枪的口径为7.92mm，采用了固定式弹仓，是一种旋转后拉式枪机的手动步枪，曾经是一战时德军的标准步枪。

真正的近代军用步枪

该枪是1860年后毛瑟兵工厂制造的可发射无烟火药枪弹的弹仓式步枪，因枪管外又套筒，也称“套筒枪”。

知识链接

淘汰的原因

随着科技的发展，98式毛瑟步枪逐渐被半自动和自动步枪所替代，毛瑟兵工厂在纳粹德国战败以后也遭到极大破坏。

美国M14式自动步枪

该枪是美国普林菲尔德兵工厂在M1“伽兰德”半自动步枪的原理上制造的。1958年后的十年，该枪产量巨大，超过130多万支。

枪械档案

研制国家	美国
机械长度	1118mm
弹 容 量	20~30（弹匣）/100（弹鼓）

M14式自动步枪的性能

该枪长1.12m、重5.1kg、口径为7.62mm，能容纳20发子弹，有效射程为700m，具有单发和连发两种射击方式。

沙漠中的重生

该枪因为2002年美国对阿富汗的军事行动中发挥了比M16式步枪更好的效果而重新获得了人们的重视，重回到了人们的视线。

丛林中的没落

该枪质量大，在越南战场丛林徒步作战中受到限制，同时在湿热环境下全自动射击时，其后坐力大不好控制，最终被淘汰出局。

M14式自动步枪的发展

美国军方在1969年根据M14研制出了M21狙击步枪，延续发展了M14精度高、射程远的优点，受到部队欢迎。

今天的M14

现在，很多比赛用步枪、狙击步枪和礼仪步枪等都是由M14发展而来的，美国军校的训练设计以及一些机构也在使用这种枪。

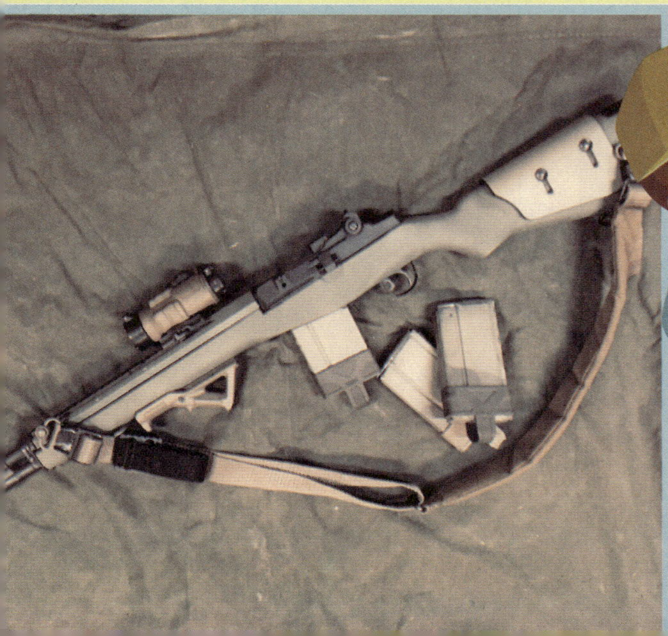

知识链接

实用的M14

伴随着研究的进步和使用需要，该枪还发展了比赛的步枪、枪榴弹发射器、狙击步枪等枪型，从1963年古巴导弹危机到2002年的阿富汗一直都受到重用。

美国M16式突击步枪

该枪是小口径步枪在装备部队并参与实战的历史上的第一次，很多轻小型武器都受其影响，如今仍有许多国家在使用它，它被誉为当今世界六大名枪之一。

枪械档案

研制国家	美国
机械长度	986mm
弹容量	30/60

M16步枪的前身

该枪是由美国的金·斯通纳于1956年设计的，一开始是AR-10式自动步枪，1961年越战后被广泛称赞，后更名为M16。

M16步枪的演变

该枪的第一代是M16和M16A1，第二代是用于发射比利时SS109子弹的M16A2。它于1980年开始服役。

M16步枪的特点

该枪是矮个子士兵的得力伙伴，携带方便、使用便捷，在狭窄的地方操作也很方便，工作原理为导气式，单发和连击都可。

M16步枪的改进型

设计者斯通纳不断地对其进行改进，出现了很多M16系列枪，它们具有性能优良、轻便易携以及后坐力小等优点。

知识链接

不断发展的M16

该枪一直在不断发展，在众多改进版本中，经过实战测验产生 M16A1，在 1967—1980 年一直在美国陆军中受到重用，后来又被其他版本所替代。

M16步枪的不足

该枪存在自动机轻、壁管会因一定量的火药气体而受到污染以及在恶劣环境下需要手动推枪机到位等不足。

苏联AK47式突击步枪

该枪是由苏联枪械设计师卡拉什尼科夫中将1947年设计的，是突击步枪中最负盛名者，是军队中的重要武器装备，也是20世纪武装力量的象征之一。

枪械档案

研制国家	苏联
机械长度	870mm
弹容量	30

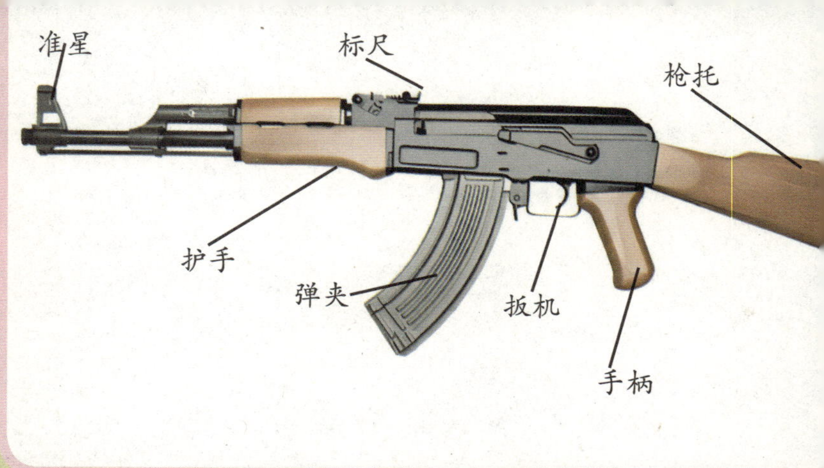

AK47式突击步枪名称的由来

该枪的“A”是俄语中自动步枪的第一个字母，“K”是指AK步枪之父卡拉什尼科夫，“47”指在1947年定型的。

战场显神威

该枪在越南与美国的战争以及海湾战争中都有突出表现，两次战争中美军由于自己的装备故障率高从而去捡敌军的AK47。

性能及优点

该枪火力威猛、性能优良、耐用、故障率低，在各种恶劣条件下都很可靠，且造价很低，因此备受世界各国青睐。

AK47式突击步枪的不足

一是枪口在全自动射击时有严重的上跳影响射击目标精准度，二是在射击时它的瞄准装置不完善，影响作战。

苏联军队中的AK47式

一是装备于苏军摩托化步兵部队、空军警卫等单位固定枪托型；二是装备于坦克乘员伞兵和特种分队的折叠枪托型。

知识链接

长枪之王

因为AK47明显不足，非常影响射击距离及精确度等，所以它比较适合近距离作战，例如在遭遇战中，有“长枪之王”的美名。

奥地利“斯太尔”AUG突击步枪

该枪集步枪、冲锋枪和轻机枪的功能于一体，是世界上最著名的步枪之一，“斯太尔”AUG突击步枪的德语意为“陆军通用步枪”。

枪械档案

研制国家	奥地利
机械长度	790mm
弹容量	30/42

一枪多能的AUG

该枪配有350mm、407mm、508mm三种枪管，可以精确地发射M193、SS109和M855三种弹药，且能在几秒内互换三种机枪功能。

AUG突击步枪的优点

该枪具有塑料枪身、无枪托、千里眼、模块化四大优点，同时它还具有耐腐蚀、易携带、配备高倍率瞄准镜、使用寿命长等优异的性能。

轻装上阵的AUG

该枪采用无托设计，在同类枪中属于较短的，且主要部件采用耐冲击的工程塑料，较为轻便，因此它比较受欢迎。

方便“左撇子”的抛壳设计和半透明弹匣

该枪将枪机和抛壳口防尘盖更换改变了抛壳机的原方向，适合“左撇子”使用，且半透明弹匣能清楚地看到所剩的子弹。

AUG的不足

该枪存在近身搏击时瞄准镜和把手容易折断，且在连续射击时散热较差及瞄准射击时射手容易暴露自己的头部等不足。

知识链接

多国采用的AUG

斯泰尔－曼利夏公司于1977年生产的斯太尔AUG伞兵用冲锋枪应用地区有印尼、澳大利亚、奥地利、中国香港、美国等50个国家。

英国FAL自动步枪

该枪是英国在二战结束后新的步枪研制计划，其最初的设计来自德国的STG44突击步枪，英国根据实际需要对其进行了改进。

枪械档案

研制国家	比利时
机械长度	1090mm
弹 容 量	20/30

FAL自动步枪的结构

FAL配备有20发子弹的弹匣，枪口设有消焰器，并可发射枪榴弹，采用导气式工作原理，可在不同环境下对火药进行气体压力调整。

FAL自动步枪的优缺点

该步枪具有制作精良、稳定性高、性能优良等优点，但同时也有弹药威力较大，后坐力大，射击精度不高等缺点。

美军的选择

当年美军在选型的时候把FAL淘汰了，而选择了由斯普林菲尔德兵工厂生产的T44，即定型命名为M14的枪。

FAL自动步枪的分类

该枪分为被北约国家采用，用公制单位标注尺寸的公制式；以及被英联邦国家采用，用英寸标注尺寸的英制式。

FAL自动步枪的美誉

该枪在20世纪60–70年代受到了西方雇佣兵的青睐，美国的雇佣兵杂志给予它“20世纪最伟大的雇佣兵武器之一”的美誉。

知识链接

FAL被取代

该枪曾受到奥地利、印度、巴西以及墨西哥等多个国家的喜爱，但随着小口径步枪的到来，此枪逐渐被取代。

法国法玛斯突击步枪

德国以制造业闻名世界，法国也不甘落后，有很多天才设计师设计的枪械，“法玛斯”突击步枪便是其在二战后推出的代表作之一。

枪械档案

研制国家	法国
机械长度	757mm
弹 容 量	25

法玛斯突击步枪的口径

法国的保罗·泰尔为取代老式MAT49开始只是把7.5×54mm步枪稍做改动，三年后，该枪才被改为和北约国家一致的小口径。

法玛斯突击步枪的生产

该枪是法国步兵团用2年时间从法国圣埃提公司提交的10种样枪中被最终确定的，投入生产后先配给了伞兵部队使用。

法国人的浪漫

众所周知，法国人以浪漫著称，他们甚至将自己的浪漫情怀延续至了枪械设计上，法玛斯F1的设计如同艺术品一样精致。

法玛斯突击步枪的机构与优点

法玛斯F1是无枪托结构，具有简便、枪体坚固、瞄准精度高，能够迅速锁定目标等一系列优点。

法玛斯突击步枪的声誉

因为法玛斯F1具有一系列对作战有利的特性，这使它在国际上赢得了很高的声誉，很多国家的军队都配备它。

知识链接

法玛斯的不足之处

该枪的缺点十分明显，那便是弹匣容量小，只有25发，火力得不到持续，作战效率低。另外枪膛设计位置靠后，射击时会对枪手产生影响。

美国 M-200 狙击步枪

该枪在2006年的一次射击试验中一战成名，理查德·马科维斯使用它击中了2313米以外的金属制人形枪靶，震惊了在场的所有人。

枪械档案

研制国家	美国
机械长度	1187.45mm
弹容量	7

M-200狙击步枪的诞生

这把枪是在EDM风行者M96狙击步枪的基础上设计的，是由美国CheyTac公司推出的最新式狙击步枪。

M-200狙击步枪的瞄准设备

此枪与其他枪相比还有一个很大的不同，即它的瞄准设备是一台微型电脑，这也是它能够轻松击中目标的原因。

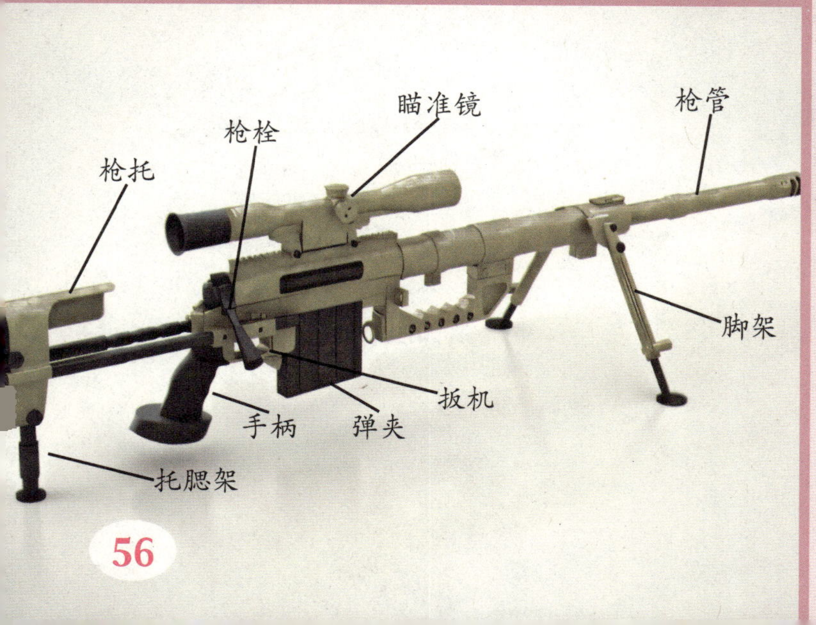

M-200狙击步枪的设计

该枪枪托的设计比较特别，如具有叠式后脚架和托腮架，射手可以把脸贴在枪托上进行射击，使得射击时更加舒服。

M-200狙击步枪的射程

依托于计算机技术，该枪的射程显著提升，能够在2286米以外击中小于$1.7cm^2$的目标，是所有狙击枪中有效射程最远的。

M-200狙击步枪的计算机技术

科技的发展体现在生活的方方面面，也体现在枪械上，该枪利用计算机更精确地测算影响射击的各种因素，提高射击的准确率。

知识链接

M-200的衍生枪

该枪衍生枪有M-310、M-325等，其异同主要是枪管的长度，而枪管的长度会决定初速，枪速和有效射程成正比。

美国TAC-50狙击步枪

该枪在2002年的阿富汗的“巨蟒行动”中，英国的哈里森在距离恐怖分子约2430米的地方将其射杀，这样的射击距离创造了世界纪录，此枪也因此成名。

枪械档案

研制国家	美国
机械长度	1448mm
弹容量	5

TAC-50狙击步枪的诞生

该枪是由美国军火企业麦克米兰公司于1980年推出的，由于它其貌不扬且售价高昂，因此在当时并不被看好。

TAC-50狙击步枪的优点

TAC-50狙击步枪以其实力打消了人们的疑虑，它的远距离射击的优越性征服了美国的国防部和司法部，被大量采购。

TAC-50售价高的原因

此枪目前的售价约为7000美元，在枪械家族中，它绝对算得上天价，高昂售价的背后是其他枪械无法比拟的优越性能。

TAC-50高倍瞄准镜

该枪之所以能在“巨蟒行动”中一战成名，与它的精准瞄准设置密不可分，它是由使用机构所配备的高倍率瞄准镜。

TAC-50狙击步枪的设计

该枪的机枪系统是手动后拉式，弹仓是分离式的，可含五发，枪管的设计也是顶级的，这些共同成就了它的优秀。

知识链接

狙击手的好帮手

该枪使用的子弹长度大概有一罐罐装可乐那么高，破坏力惊人，连坚固的装甲车和直升飞机都难逃其手。

美国M24狙击步枪

该枪是陆军的主要远程狙击用武器，著名军火企业雷明顿公司于1987年对其进行了大幅改进，美军于1988年正式开始采用此枪装备部队。

枪械档案

研制国家	美国
机械长度	1092mm
弹容量	5

M24狙击步枪的提升

该枪是在700BDL步枪的基础上发展而来的，既保留了700BDL的优点，又改进了其缺点，后坐力有所减小，硝烟也降低了。

M24狙击步枪的瞄准镜

为了使射击的准确率更高，M24的瞄准镜采用自动测距式，射手在瞄准时能随时获得和目标的距离以方便调整射击。

M24狙击步枪的结构

该枪是加长旋转后拉式，弹匣为圆柱形，枪管是不锈钢的，另外为了提升其稳定性，枪管上还有5条膛线。

M24狙击步枪的缺陷

为使枪身更轻，该枪填充的发泡塑料吸水性很强，潮湿天气会增加机枪质量，此外，可调托底板有时影响狙击手操作。

知识链接

恶劣环境中的M24

该枪的性能十分卓越，美军曾在1997年的海湾战争中使用M24，在恶劣的沙漠环境中，该枪仍能正常工作。

使用的材料

为了最大程度减少暴露概率，该枪的枪托由石墨和凯夫拉合制而成，黑且不反光，经过处理的其他金属部件也如此。

美国M82A1狙击步枪

勃朗宁是该枪半自动发射和短后座设计理念的最初开发者，巴雷特在此基础上进行创新，使得M82A1能抵肩射击，并于1982年由巴雷特公司推出。

枪械档案

研制国家	美国
机械长度	1150mm
弹容量	10

M82A1的瞄准装置

该枪的瞄准装置可配备夜视仪，夜视仪的作用是使射手能够在黑暗中观察1000多米外的目标，提高了射击的准确率。

M82A1的结构

该枪由上下机匣和枪机框三部分组成，其中机匣采用耐磨的高碳钢，机械的各部分都被紧紧焊接在机体上十分结实。

M82A1的杀伤力

该枪性能优良，杀伤力大，射程可达2000米，能轻易射穿1000米外的装甲车，美军对伊拉克作战时曾使用该枪轻易退敌。

M82A1的发展

巴雷特公司在修改了部分材质之后，推出了轻量级狙击步枪，后来，该枪发展成一个系列，称之为狙击枪之王也不为过。

M82A1的缺陷

使用该枪的狙击手被称为“炮灰狙击手”，因为在发射时枪的制退器喷出的火药气会卷起很多尘土容易暴露射手。

知识链接

为何M82A1会有争议

该枪的杀伤力很大，它所配备的子弹是0.50英寸口径的，且弹头是由全金属被甲包裹，能够轻易击穿防弹衣、墙壁甚至装甲车，所以加州禁止私人拥有。

机枪

最早的机枪

人们通常将机枪称为“枪中之王”，它具有杀伤力大、射程远并能连续射击等特点，你对机枪了解多少呢，一起来探讨一下吧。

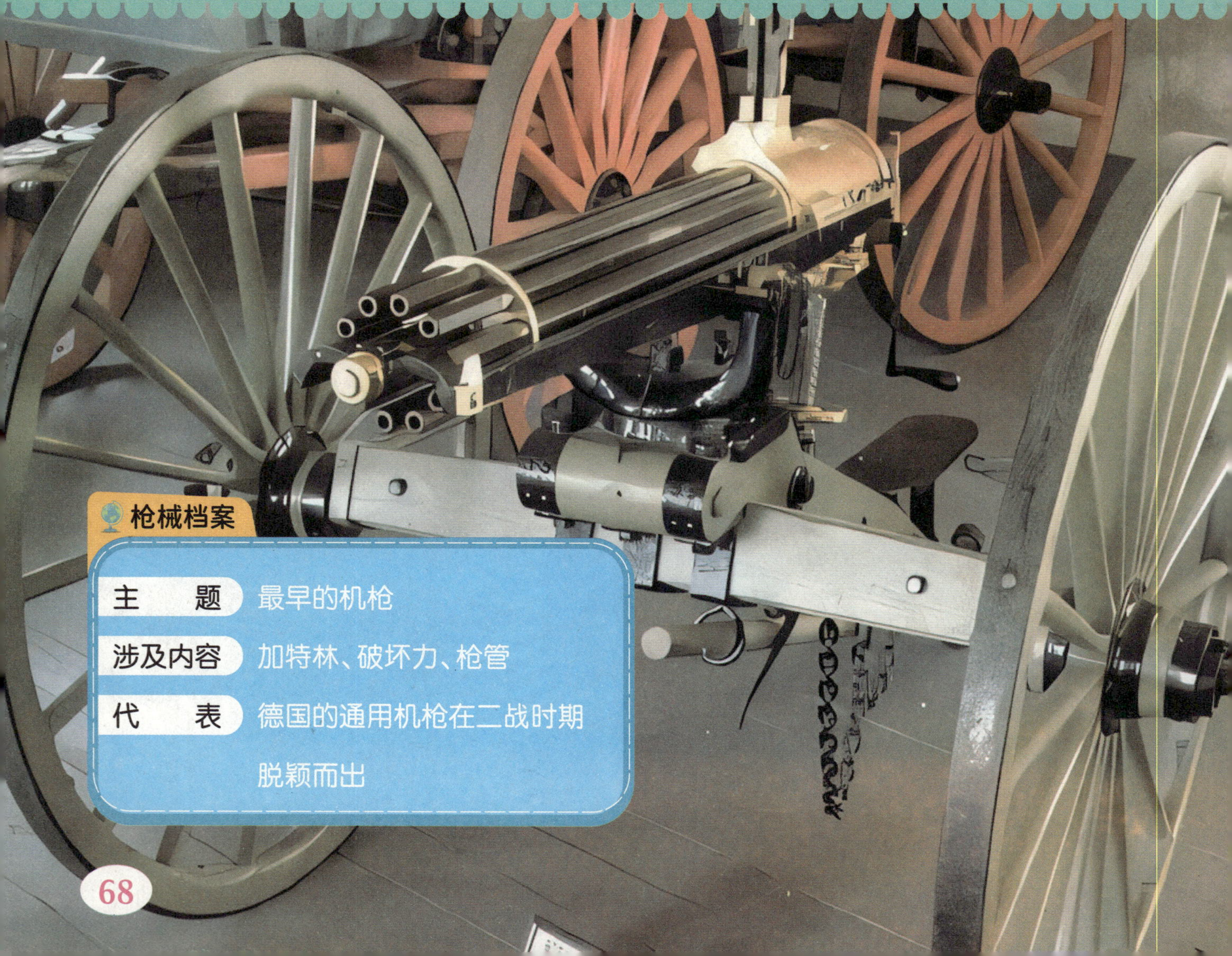

枪械档案

主　题	最早的机枪
涉及内容	加特林、破坏力、枪管
代　表	德国的通用机枪在二战时期脱颖而出

战场上的机枪

步兵通常采用的战术是密集的进攻队形，机枪强大的破坏力会使这一战术失灵，战场上大都采用“堑壕战”应对。

机枪的诞生

世界上最早的机枪是美国人加特林于1861年制造的机械式机枪，熟练使用后该枪每分钟可射击400发。

机枪的特点

该枪的枪管固定在可旋转的圆筒上，随着手柄转动可完成装弹、射击及退壳等一系列动作，所以能够进行连续射击。

德国通用机枪

冲锋枪和半自动枪在二战时期崭露头角，抢去了机枪的风头，但德国首创的通用机枪却是个例外，仍旧备受瞩目。

机枪的构造

机枪由枪身、枪架和瞄准装置。枪身由枪管、机匣、握把和枪托等部分组成，枪架的作用在于支撑枪身，以提高射击的准确性。

知识链接

机枪在历史中的作用

构造十分简单的机枪在历史中发挥着巨大作用，连续射击的技能能够轻轻松松消灭一个排。

机枪的分类

机枪的种类多种多样，按装置对象不同可分为野战、车载和航空机枪等；按技术特性可分为轻机枪、重机枪和通用机枪等，此外，还有大口径机枪和班用机枪等。

枪械档案

主　　题	机枪的分类
涉及内容	低空目标、集群目标、空中目标
代　　表	通用机枪可做轻重两用机枪

轻机枪

该枪通常需要两人合作使用，也可一人使用，其射击目标是地面或低空目标，质量和火力等介于步枪和重机枪之间。

轻机枪的前身

现如今，多数的轻机枪都是由突击步枪直接改装而成的，如英国的L85、德国的MG36等，当然也有专门设计的轻机枪。

重机枪

该枪必须固定在枪架上，其射击目标是集群目标、博比装甲和低空飞机。其射程远、火力猛，可灵活转动方向。

通用机枪

该枪又称轻重两用机枪，机身用两脚架支撑时可做轻机枪使用；将机身安装在重机枪的枪架上可作重机枪使用。

高射机枪

该枪具有口径大、初速高以及射速快等特点，其射击对象是空中目标，也可用于对付薄壁装甲目标和压制火力点等。

知识链接

机枪的类别

机枪一般分为轻机枪、通用机枪和重机枪。比较有名的机枪有美国加特林 M134 速射机枪、中国 54 式高射机枪等。

美国“马克沁”机枪

该枪是由有着“自动武器之父”的马克沁于1884年设计的，它运用火药气体能量自动完成供弹和发射原理，并以马克沁的名字命名。

枪械档案

研制国家	美国
机械长度	1175mm
弹容量	333

“马克沁”重机枪的诞生

该枪的设计初衷是为了减少开枪时后坐力对人体的伤害，其原理是利用火药能量来完成自动循环。

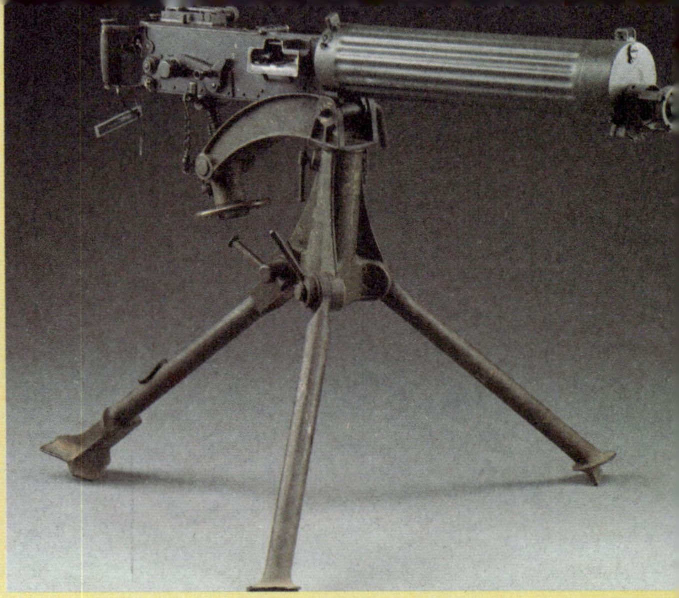

“马克沁”重机枪的巨大威力

一战时期，德军用该枪在索姆河畔将向德军阵地发起进攻的英军击退，此枪的巨大威力使英军伤亡惨重。

“马克沁”重机枪的设计过程

马克沁根据他从步枪上得来的经验，进一步发展并完善了他的枪管短后坐自动射击原理，还改进了传统的供弹方式。

设计师马克沁

该机的名字是以其设计师的名字命名的，马克沁是美国工程师，他虽出身贫寒，但通过勤奋自学而成为著名发明家。

枪管后坐式自动原理的采用

该枪通过枪机和枪管的结合，共同后坐19mm，枪管停止后坐后，通过肘节机构进行开锁，枪机继续后坐从而完成射击。

知识链接

换弹不丢命

该枪的工作原理节省了换弹所需的时间，从而提高了作战效率，一改之前士兵换子弹的间隙可能会丧命战场的情况。

美国“勃朗宁”机枪

该枪被称为“常青树”，是勃朗宁在一战期间主持制造的，之后的多种枪型都在此基础上进行设计，深受各国人民的喜爱。

枪械档案

主　　题	“勃朗宁”大口径机枪
涉及内容	口径、弹药系统、枪管
代　　表	天才设计师勃朗宁

“勃朗宁”大口径机枪的诞生

该枪的口径是12.7mm，是勃朗宁应要求为满足战争需要所制造的，相应的弹药系统也随之产生。1921年成为美军的主要装备。

“勃朗宁”大口径机枪的介绍

该枪全长1653mm，枪管长度为1,143mm，口径为12.7mm，有效射程为1800m，最大射程能够达到2500m。

M2HB式重机枪

该枪是在勃朗宁大口径重机枪的基础上成功研制的，把水冷式枪管改成气冷式、加厚枪管壁的重型枪管。

应用广泛的M2机枪

该枪有高射、坦克等一系列衍生品，射击准度高，能够用来对付装甲目标、低空飞机等，还能用作狙击武器。

知识链接

M2的衍生枪

该枪有众多衍生枪种，如重型枪管气冷式M2可分为步兵用的版本、安装在坦克上的版本及安装在装甲车上的版本等。

不断推陈出新

比利时FN公司于1980年在M2HB的基础上研制出M2HB-QCB机枪，该枪有一套简便可行的枪管快速更换装置。

美国M60通用机枪

该枪在二战时期设计并制造，具有火力较强、射速较低和容易控制等特点，成为西方国家主要的武器装备之一。

枪械档案

主　题	M60通用机枪
涉及内容	衍生枪、瞄准准星、丛林作战
代　表	该枪后来衍生出一系列枪

系列家族

该枪的设计灵感来源于MG34 / 42系列通用机枪，后为了满足军队的需要，在此基础上设计出了众多衍生枪。

结构特点

该枪采用导气式自动原理和枪机回转式闭锁机构以及自动切断火药燃气流入的办法，来控制作用于活塞的火药燃气容量。

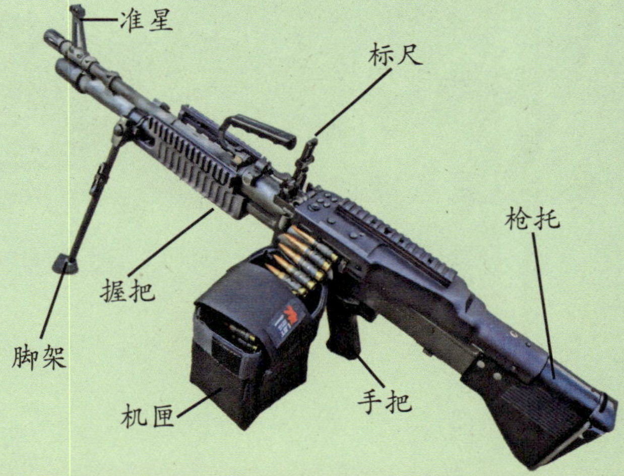

瞄准装置

该枪的瞄准准星为固定式，难以进行归零校正，这一点在后来的M60E3型号上得到了改进，使得该系列枪更加完善。

通用机器的优点

该枪集重机枪和轻机枪的优点于一身，既射程远、威力大、连续射击时间长，又携带方便，是机枪家族中的后起之秀。

澳大利亚的M60通用机枪

该枪是根据丛林战掩护物多的特点在M60的基础上改进而成的，对弹匣的适应系统进行提升，更方便丛林作战。

比利时“米尼米”轻机枪

该枪主要供步兵、伞兵和海军陆战队员使用，是由比利时FN公司于1974年制造的，经过改良后，被各国军队广泛使用。

枪械档案

研制国家	比利时
机械长度	1040mm
弹 容 量	30（弹匣）/200（弹链）

优越的性能

该枪具有质量小、结构紧、易保养、易携带以及在恶劣环境下仍能发挥良好性能等一系列优点。

内部结构特点

该枪采用导气式自动原理发射，只可连发，其机框的定型槽通过枪机导柱带动枪机完成自动开、闭锁动作。

外部结构特点

该枪有下垂式弹链、弹链箱和弹匣供弹三种供弹方式，枪托为中空金属制造，带有提把，枪管容易更换。

冲锋枪

冲锋枪与现代冲锋枪

冲锋枪是介于手枪和机枪之间的全自动枪种，与步枪相比，更易携带、射速高、火力猛、适合进行冲锋和反冲锋。

枪械档案

主　题	冲锋枪与现代冲锋枪
涉及内容	复进簧、能量来源、威力
代　表	二战后期逐渐退出战场

冲锋枪的诞生与发展

冲锋枪诞生于一战时期，意大利为了满足战争需求，于1915年设计了“维勒·帕洛沙”，被认为冲锋枪的鼻祖是M1915式冲锋枪。

冲锋枪的结构特点

该枪分为枪管、枪机和枪膛等几部分，其中枪机的作用是送弹和击发，复进簧为整个冲锋枪提供能量来源。

冲锋枪的局限性

该枪存在枪弹威力小、有效射程短以及射击精度差等缺点，在二战后期地位迅速下降，后被小口径突击步枪所取代。

现代冲锋枪的口径和弹药

伴随冲锋枪口径的统一，大多使用9mm×19mm的“帕拉贝鲁姆”手枪弹，轻巧型冲锋枪一般使用手枪子弹。

现代冲锋枪的特点

现代冲锋枪一般分轻型和微型两种，多采用折叠枪托，自动方式为机枪后坐式，主要的射击方式是连发。

知识链接

冲锋枪的优越之处

冲锋枪适合在小巷中作战。它轻便、灵活，射速以及反应速度等都很快，集手枪的机动性和步枪的准确性于一身。

冲锋枪的种类

冲锋枪按用途可分为普通、轻型和微型；按自动方式可分全自动和半自动；按装备对象可分军用、警用和民用。

枪械档案

主　题	冲锋枪的种类
涉及内容	近距离作战、命中率、狩猎
代　表	特种冲锋枪受到中国军队的喜爱

特种冲锋枪

该枪是为了应对各种战争需求而制造，分为轻型和微型，具有质量轻、体积小、操作灵活等优点，受到了中国军队的喜爱。

民用冲锋枪

冲锋枪不仅仅出现在战场上，它和其他枪械一样也可能出现在日常生活中，如民用冲锋枪可用于狩猎和守护园林庄稼等。

单兵自卫武器

这款枪介于手枪和冲锋枪之间，它的质量轻、易操作、杀伤力强且命中率高，近距离作战时能迅速攻击敌人。

79式冲锋枪

该枪是中国设计并制造的第一种轻型冲锋枪。它是中国80年代侦察兵、现役武警部队和公安干警的单兵自动化武器。

64式冲锋枪

该枪是中国于1964年设计并制造的第一种微声冲锋枪，其结构紧凑、便于携带和使用，射击精度较高。

知识链接

国产冲锋枪

中国生产了很多不同型号的冲锋枪，如64式冲锋枪、85式冲锋枪等都是国产冲锋枪。

美国“汤姆逊”冲锋枪

该枪的命名是为了纪念第一位提出冲锋枪概念的美国军械局长汤姆逊，此枪在二战时期表现突出，发挥了很大作用。

枪械档案

主　　题	“汤姆逊”冲锋枪
涉及内容	名声、抽壳、收藏
代　　表	此枪在二战中重回人们视线

名声斗转的“汤姆逊”冲锋枪

众多不法分子的使用破坏了该枪的名誉，直到二战爆发，它才重回人们的视线中，尤其在法国表现尤为明显。

“汤姆逊”冲锋枪的型号

该枪最早的型号是M1921，随后又出现了多种型号被多个国家采购使用，1945年停产后被M3A1式所取代。

“汤姆逊”冲锋枪的特点

该枪以超高的射速、圆盘式容量很大的弹匣以及微微跳动的后座在战场上闻名，受到很多士兵的喜爱。

M1928A1冲锋枪的结构特征

该枪使用结构复杂的半自由机枪式自动原理，射击时一系列操作能使枪机后动，有效避免枪机早抽壳和炸壳的故障。

在美国地方警察局中的使用

该枪目前仍被美国警察使用，另外此枪具有很高的收藏价值，但因不可销售只能存放在警局的武器库中。

知识链接

超人气的汤姆逊冲锋枪

该枪在二战时期非常受欢迎，曾被多个国家购买，如法国、英国和瑞典等国家都大量订购过，国民党军队在解放战争时期也曾大量装备此枪。

以色列“乌齐”冲锋枪

该枪是由乌齐·盖尔制造的，被认为是最可靠的冲锋枪。它结构紧凑、射击准确率高，不仅供以色列军队使用，在西方各个国家也很受欢迎。

枪械档案

研制国家	以色列
机械长度	470mm
弹 容 量	25/32

“乌齐”冲锋枪的诞生

该枪是在其他枪型的基础上设计的，具备同类枪的优点又弥补了它们的不足，在评审通过后被大量生产供以色列全军使用。

“乌齐”冲锋枪的发展

该枪不断完善，提高其性能，不断发展，还生产了轻型和微型两种冲锋枪，除有金属托外，还被称作冲锋手枪。

结构特点

为了减轻质量，该枪采用冲压焊接技术和开膛式待机和前冲击方式，同时机匣前后设有支架用来固定支撑。

灵巧的沙漠杀手

该枪体积小、质量轻，两侧有能够容纳污物的冲压加强筋，使得此枪在环境恶劣的沙漠中仍能发挥良好性能。

知识链接

以色列的冲锋枪

在1948年的阿以战争中，以色列人认识到了要设计高效能冲锋枪的迫切性，之后，乌兹.盖尔在其他冲锋枪的基础上研制出乌齐冲锋枪。

三道保险机构

该枪有防止走火的快慢机保险、防止跌落走火的握把保险以及防止待机时走火的拉机炳保险三道保险机构。

美国“雷晋格”M50冲锋枪

该枪是由哈灵顿·理查德森武器公司在1941年制造，由美国设计师尤金·G雷晋格设计的，主要用于装备美军，具有产量大、结构新等特点，于1945年停产。

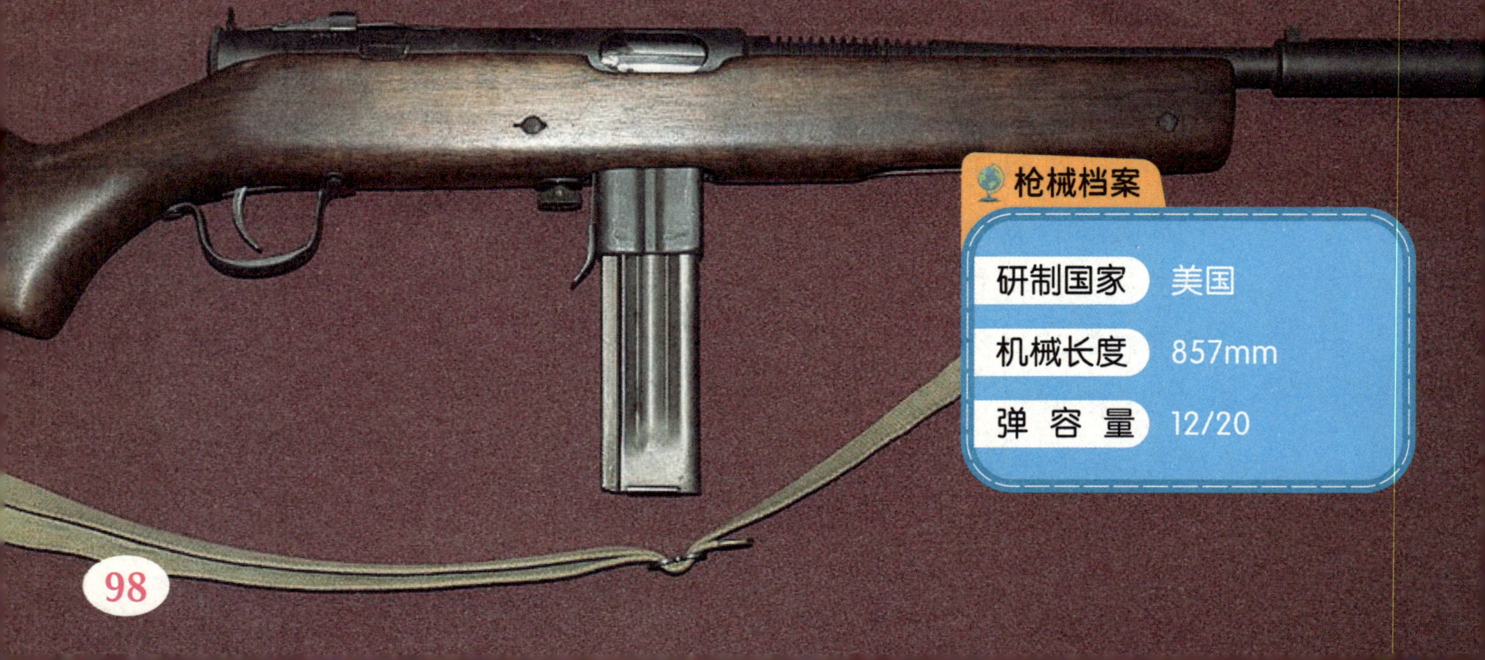

枪械档案

研制国家	美国
机械长度	857mm
弹容量	12/20

M50的构造特点

该枪的结构较为独特，采用了半自动枪机式自动原理，拉机柄和枪机相连，圆柱形枪机内装有回针簧活动式机针。

M50的优点

美国海军和海军陆战队在1941年末到1942年初对该枪进行了试验，给予很高的评价，称其具有高命中精度等优点。

M50的弹匣

该枪有12发单排供弹式短弹匣供警卫和训练使用，除此之外还有20发交错排列供弹武直弹匣。

M50的不足之处

该枪虽然结构较为新颖，但仍存在环境适应能力差、操作复杂以及零部件互换性差等一系列不足。

知识链接

雷晋格

该冲锋枪的设计者雷晋格曾经是M1911手枪设计小组的一名成员，也是从那时起他开始了枪械设计师的生涯。

M50的生产

该枪是由哈灵顿·理查德森武器公司进行制造生产的，伴随着第二次世界大战的结束，该枪也停止了生产。

奥地利“斯太尔”Mpi69冲锋枪

该枪由奥地利太尔·曼利夏公司在1960年制造，它具有手感舒适、操作简便以及设计性能好等优点，深受部队和警察的喜爱。

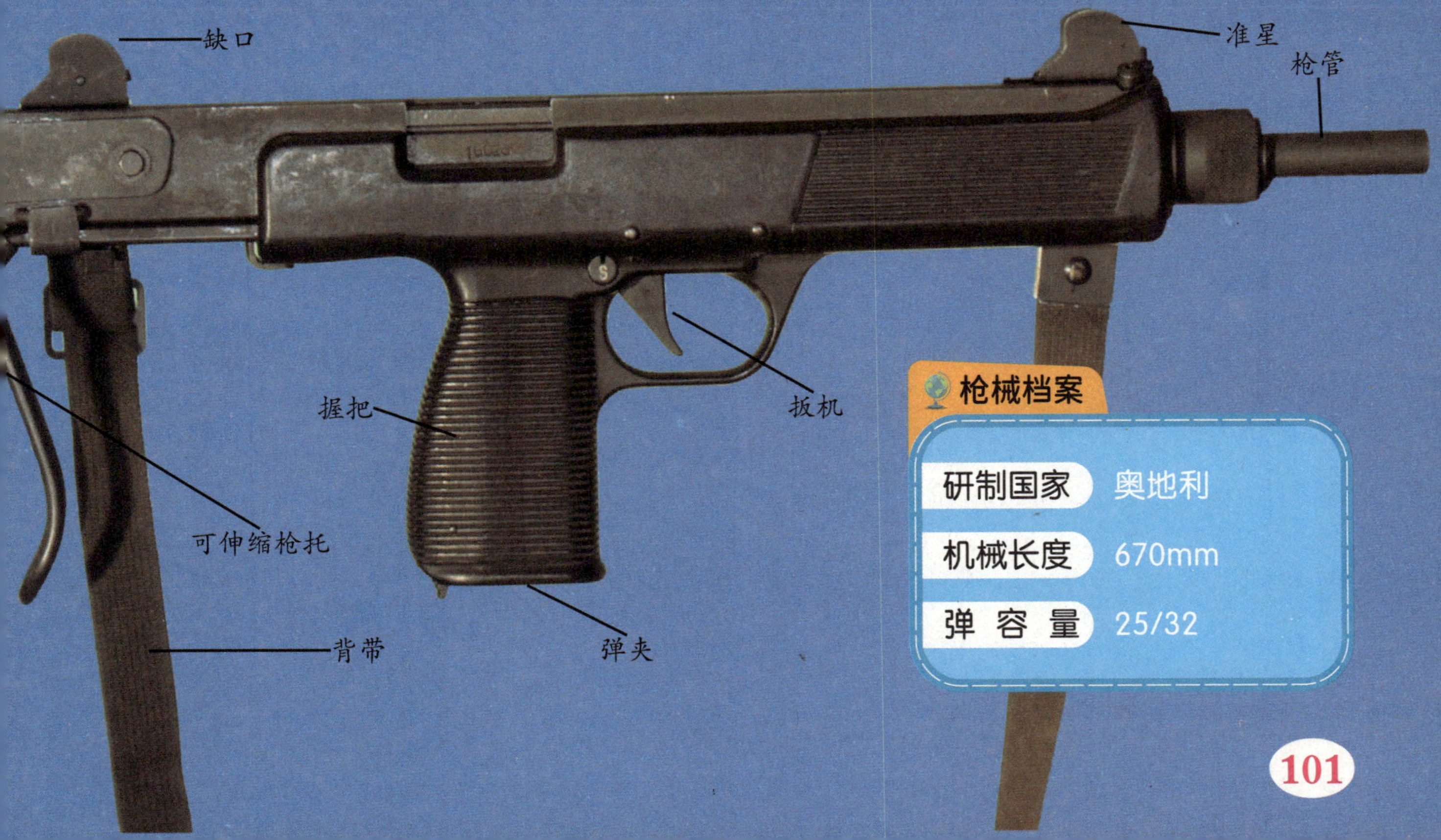

枪械档案

研制国家	奥地利
机械长度	670mm
弹容量	25/32

结构特征

该枪结构简单、工艺性好、耐磨损，其换弹方式是将装有子弹的弹匣直接插入手握枪柄，在黑暗中也能进行简单操作。

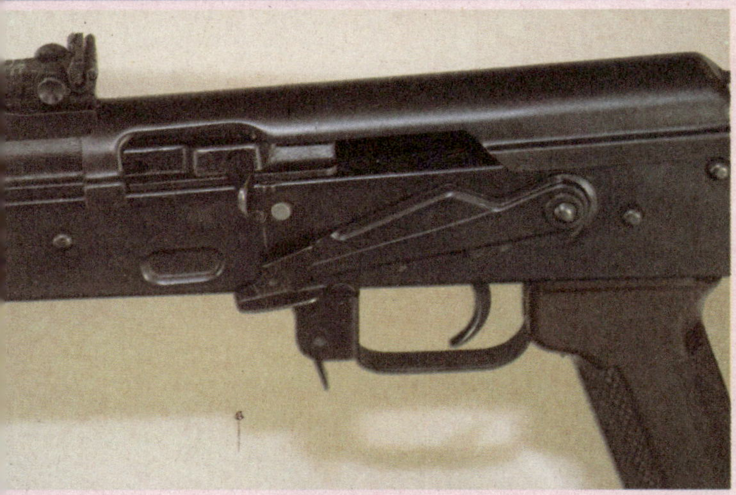

保险机构

该枪的保险机可左右推，“FH”为发射状态，“S”即为保险状态，另外枪机上还设有防止意外走火的保险凹槽。

独特的翘起方式

该枪的手柄在机匣的左前端，同时还能调换向前的附件，因此一手握手柄一手拉吊环即可翘起武器。

可安装消音器

把该枪的固定螺栓取下，枪筒放入特殊的枪管和消音器后拧在机匣上，拧紧螺栓就可安装消声器，还能自动射击。

实用的换弹方式

该枪的换弹方式十分便利，即使在黑暗中也能轻松完成，只需要将装好子弹的弹匣直接放进手枪即可。

知识链接

MPI69 冲锋枪的“特色”

该枪的特色是前背带环也兼作装填拉柄使用，这样能让士兵在紧张的作战情况下迅速出枪，但这并不实用。

德国MP40冲锋枪

很多枪械都是在特定的情况下设计的，该枪是在第一次世界大战中为了适应欧洲战场的真阵地战和碉堡站而专门设计生产的。

枪械档案

研制国家	德国
机械长度	833mm
弹 容 量	32

MP40的前身MP38

1936年德国厄尔玛兵工厂应战时需求研制出一款冲锋枪，该枪1938年改进后命为MP38，开始用于装备德军，应用到欧洲战场。

MP38的表现

该枪在波兰战争中第一次使用且表现突出，后被德军大量采购，战斗力得到提升，后为降低成本进一步对其改进。

MP40的诞生

厄尔玛公司将MP38进行改造升级得到了MP40，相对于前者，MP40的制造工艺更简单、造价更低且安全性更高。

MP40的特点

该枪采用自动枪机原理，使用9mm口径的手枪弹，共有32发弹匣供弹，采用电焊工艺，对后来的枪械制造提供思路。

MP40的设计

其设计的初衷是为了实用、简易且能用在坦克上，为照顾士兵，枪体大量采用整体部件，适合野外维修。

MP40的精准度

该枪的射速为550发/分，虽然其射速并不高且有所降低，但它的精准度远远超过波波沙和汤姆逊等冲锋枪。

意大利伯莱塔M12S冲锋枪

该枪产自意大利，虽然意大利二战时表现不佳，但其军工生产并不逊色，在20世纪70年代也生产了很多知名度很高的枪械。

枪械档案

研制国家	意大利
机械长度	645mm
弹 容 量	20/30/40

伯莱塔M12S的诞生

该枪是伯莱塔公司于1978年生产的，是在原M12型冲锋枪的基础上改造升级得到的，生产之后迅速用于装备意大利军队。

伯莱塔M12S授权

在20世纪80年代，印尼和巴西也拿到了该枪的生产授权，另外塞尔维亚和突尼斯两国部队都大量装备此枪。

伯莱塔M12S的应用

该枪不仅应用于战场（如伊拉克战场），也可应用到民用警用领域，许多国家的武装保镖和保安部队也配备此枪。

伯莱塔M12S的优点

该枪具有耐高温、使用寿命长以及抗腐蚀性强等优点，其最初的设计思路就是简洁实用，它也的确做到了这一点。

伯莱塔M12S的结构

该枪采用现代锻造焊接工艺，把弹匣插座、前后握把和发射机座等铸成一个整体部件，这样机身更牢靠，更坚固耐用。

知识链接

莱塔M12S的稳定可靠

该枪性能优越，且具有价格低廉和操作可靠等优点，至今在世界军火市场仍有着稳定的份额，十几个国家装备都有此枪。

俄罗斯PP-2000冲锋枪

该枪是俄罗斯为了应对车臣战争而设计的，它的形状像一把大手枪，能装44发弹匣，是世界同类型轻型冲锋枪之最。

枪械档案

研制国家	俄罗斯
机械长度	300mm
弹 容 量	44

PP-2000冲锋枪的特点

该枪的体型较小、结构简单、外形紧凑，采用独特的减速装置，能够降低射速，确保射击的精度和密度。

PP-2000冲锋枪的用途

该枪体积小、易携带且性能强大，非常适合非军事人员或平民用来自卫，或者用作特警及特种部队的近距离格斗武器。

PP-2000冲锋枪的杀伤力

该枪使用9mm的枪弹，它体型虽小，但杀伤力却很大，在100米的有效射程内能够轻易穿透任何硬度的防弹背心。

中国05式微声冲锋枪

05式微声冲锋枪是由中国制造的冲锋枪。它属于自由枪机式自动方式，无发射机保险和握把保险，惯性闭锁，开膛射击。

枪械档案

研制国家	中国
机械长度	490mm
弹 容 量	50

05式微声冲锋枪的优点

该枪是微声冲锋枪，故其体积较小，另外还具备质量轻、后坐力小、射击精度高等优点，即使是新手也能很好地控制。

05式微声冲锋枪的瞄准设备

该枪外形与国产的95式自动步枪相似，采用柱状准星和觇孔式照门组合的简易瞄具器，还可安装各种光学瞄准镜。

05式微声冲锋枪的消声器

该枪与85式微声冲锋枪一样，都采用了可拆卸的消声碗结构，不同的是该枪的消声碗得按顺序排列才能起到很好的效果。